INTERESTING CLASSROOM

青少年美育趣味课堂

Aesthetic Education
Interesting Classroom

青少年学拍短视频

史远 著

人民邮电出版社

北京

图书在版编目（CIP）数据

青少年学拍短视频 / 史远著. -- 北京：人民邮电
出版社，2022.7
　　（青少年美育趣味课堂）
　　ISBN 978-7-115-58846-3

Ⅰ．①青… Ⅱ．①史… Ⅲ．①视频制作－青少年读物
Ⅳ．①TN948.4-49

中国版本图书馆CIP数据核字（2022）第041015号

内 容 提 要

　　本书是“青少年美育趣味课堂”系列图书中的青少年学拍短视频篇。本书内容共分为两大部分。第一部分为青少年学拍短视频需要掌握的基础知识，包括视频的基本概念、短视频的分类及题材、拍摄短视频所用的工具、稳定器与三脚架的使用、手机短视频拍摄技术、短视频的景别、提升短视频表现力的要点、短视频运镜方式、短视频拍摄流程、拍摄慢动作、短视频后期制作入门等。第二部分为短视频拍摄实践，包括生活记录、城市之美、旅途风情，以及童年的快乐时光。全书共16课，第1～12课根据难易程度每课分配多个知识点，第13～16课则综合前面的知识点，布置一些拍摄实践任务，将教、学、实践融为一体。

　　本系列书面向青少年读者，可以作为小学、初中等学校及相关美育机构的参考教程，也可作为短视频拍摄初学者的入门启蒙图书。

◆ 著　　　　史　远
　　责任编辑　胡　岩
　　责任印制　陈　犇

◆ 人民邮电出版社出版发行　　北京市丰台区成寿寺路 11 号
　　邮编　100164　　电子邮件　315@ptpress.com.cn
　　网址　https://www.ptpress.com.cn
　　临西县阅读时光印刷有限公司印刷

◆ 开本：700×1000　1/16
　　印张：6　　　　　　　　　　　2022 年 7 月第 1 版
　　字数：132 千字　　　　　　　2022 年 7 月河北第 1 次印刷

定价：49.80 元
读者服务热线：(010)81055296　印装质量热线：(010)81055316
反盗版热线：(010)81055315
广告经营许可证：京东市监广登字 20170147 号

序

在科技日新月异和视觉影像爆炸发展的21世纪，青少年对于数字新媒体的掌握程度深度影响着他们未来的发展。为了更好地帮助青少年掌握数字新媒体相关的技能及应对当前数字时代对社会、教育、文化的挑战，学习相关的摄影与摄像知识就显得尤为重要。摄影与摄像知识的学习不仅对培养青少年的媒体素养和视觉素养起着重要作用，更是对核心素养时代的青少年美育起到促进作用。

摄影与摄像作为科学技术与艺术紧密结合的产物，完美地将美育融合在了其学习过程中。青少年在学习理论知识与技能操作的同时，其视觉审美与个性思维也在潜移默化中得到了锤炼。在摄影与摄像学习中，青少年从开始的对摄影与摄像器材的粗浅了解到能够掌握实际拍摄，从对真实的再现到艺术的二次创作，从简单地模仿借鉴到自我风格的形成，最终能够在生活中真正做到发现美、提炼美、创造美、鉴赏美、感受美，拥有一个不俗的灵魂。

现如今，随着科技技术的发展、设备的更新换代，以及摄影与摄像器材成本的不断降低，青少年对于摄影与摄像学习的需求也呈现出不断上涨的趋势，越来越多的学校也将其设置成必备的兴趣课。但是，由于相关学习资源的良莠不齐，导致现有的摄影与摄像课程尚未形成统一、完善且清晰的教育课程体系。

基于此，本书作者紧跟摄影与摄像技术发展潮流，扎根于日常应用，采用浅显易懂的语言将短视频拍摄的奥秘展现在读者面前。本书从浅显的短视频概念与特点开始，到讲解各种拍摄器件及附件的使用方法，再到短视频拍摄技巧的教学，最终到现实实例的应用。本书内容结构层层递进、主题鲜明，使读者能够在学习中有所用、有所得，在欢乐中高效地掌握短视频拍摄技术。

方海光

首都师范大学教育学院教授

北京市教育大数据协同创新研究基地主任

教育部数学教育技术应用与创新研究中心主任

前 言

短视频拍摄是通过摄影与摄像器材摄取画面的操作过程，涉及构图、色彩、表现力（感染力）等综合知识，是现代人需要具备的一项基本素养。

短视频具有独特的表现手法，通过对焦、曝光、构图、色彩等技术实现艺术感染力。随着生活水平的提高，特别是数码影像设备的普及，短视频拍摄的门槛逐步降低，与人的关系越来越密切。

在当下这个影像文化非常发达的时代，青少年也应该系统地学习短视频拍摄知识，以培养观察力、注意力、动手能力及创造能力，提升审美能力。

随着教育部对青少年美育的提出与关注，摄影与摄像教育迈入了青少年美育的范畴。为了满足广大青少年对摄影与摄像学习的需要，笔者编写了本书。

本书侧重于视频创作领域一个比较贴近实际生活的题材——短视频拍摄。本书深入浅出，采用图文结合的方式，向青少年读者讲授了短视频拍摄器材及短视频拍摄技术等内容，具体包括短视频拍摄器材的种类和使用，对焦、曝光、稳定、色彩等短视频拍摄的基础理论，还向读者讲述了短视频拍摄实践中遇到的各种问题及相应的解决方法，以便帮助青少年读者全方位地了解、学习短视频拍摄这门充满魅力的影像艺术。

目 录

第 **1** 课

掌握常见的视频概念

本节课将讲解视频相关的一些概念。掌握这些基本概念，会对后续的短视频拍摄及制作有很好的帮助。

知识点1：电影、微电影与短视频

 ## 电影

我们传统意义上所说的电影，是指影院及电视台播放的具有较长时长的"大电影"，当今的"大电影"，作品时长大多为90～120分钟。

1895年12月28日，在巴黎卡普辛路14号咖啡馆的地下室里，卢米埃尔兄弟首次在银幕上为观众放映了他们拍摄的影片，这一天也成为电影的诞生日。

电影艺术包括科学技术、文学艺术和哲学思想等诸多内容，影响着全世界的人，是人类历史上最为宏大辉煌的艺术门类之一。

↑ 传统电影画面

 ## 微电影

现代电影的成长过程中，一直伴随着微电影（电影短片）的身影，但由于各种因素，微电影一直未能成为电影的主流形态，也不是电影商业市场上的主导。

从当今的概念上来说，微电影通常指能够通过互联网平台传播（时长为几分钟到几十分钟不等）的影片，适合在移动状态和短时休闲状态下观看。一般来说，微电影具有完整故事情节，制作成本相对较低，制作周期较短。

短视频

短视频即短片视频，是一种互联网内容传播方式，一般是指在互联网上传播的时长较短的视频。不同于微电影，短视频制作具有生产流程简单、制作门槛低、参与性强等特点，又比直播更具有传播价值。

 风光类短视频　　　 技能分享类短视频

从短视频的制作角度来看，团队配置可以无限简化，可以没有专业化的团队和分工，甚至可以将导演、制片人、摄影师等角色集合到一个人身上。不但制作团队可以简化，还可以做到零准入门槛，让每个普通人都可以制作短视频。

当然，需要注意的是，优秀的短视频制作团队通常依托于成熟运营的自媒体，不断高频稳定地输出内容，从而快速拥有大量的粉丝。而团队力量单薄，技术能力不足的短视频制作者，想要得到更多的关注和经济收入，难度无疑大了很多。

 知识点2：视听语言

简单来说，视听语言就是利用视听组合的方式向受众传达某种信息的一种感性语言。

视听语言可以直接划分为视觉元素（视元素）和听觉元素（听元素）。

视觉元素主要由画面的景别大小、色彩效果、明暗影调和线条空间等形象元素所构成，听觉元素主要由画外音、环境音响、主题音乐等音响效果所构成。两者只有高度协调、有机配合，才能展示出真实、自然的时空结构，才能产生立体、完整的感官效果，才能真正创作出好的作品。

从下面附图中所示的短视频当中，可以看到影像的变化，而每张截图右下角都可以看到音频的标识。

↑ 短视频截图1　　　　　↑ 短视频截图2　　　　　↑ 短视频截图3

知识点3：视频制作团队

下面介绍专业电影制作团队的分类及具体工作要求。虽然具体到短视频这个类别，分工不会这么详细，但了解这种分工，会有助于我们加深对短视频创作的理解。

1. 监制：维护、监控剧本的原貌和风格。
2. 制片人：搭建并管理整个影片制作组。
3. 编剧：完成电影剧本，协助导演完成分镜头剧本。
4. 导演：负责作品的人物构思，决定演员人选，指导完成影片，等等。
5. 副导演：协助导演处理事务。
6. 演员：根据导演及剧本的要求，完成角色的表演。

7. 摄影摄像：根据导演要求完成现场拍摄。

8. 灯光：按照导演和摄影的要求布置现场灯光效果。

9. 场记场务：负责现场记录和维护片场秩序，提供物品和后勤服务等。

10. 录音：根据导演要求完成现场录音。

11. 美术布景：负责布置剧本和导演要求的道具、场景布置。

12. 化妆造型：按照导演要求给演员化妆造型、设计服装。

13. 音乐作曲：为影片编配合适的音乐。

14. 剪辑后期：根据导演和摄影要求，对影片进行剪辑、制作片头和片尾，等等。

上述众多分工当中，最重要的角色是导演——一部影视作品的灵魂人物。其他各部门虽然有明确分工，但都是以导演为中心，相互紧密配合，共同创作。

 ### 知识点4：视频概念详解

 帧与帧率

首先这里明确一个概念，即视频是一幅幅运动连续的静态图像，经过持续、快速地显示，最终以视频的方式呈现。

视频图像实现传播的基础是人眼的视觉残留特性，每秒连续显示24幅以上的不同静止画面时，人眼就会感觉图像是连续运动的，而不会再把它们分辨为一幅幅静止画面。因此，从再现活动图像的角度来说，图像的刷新率必须达到24fps（frames per second的缩写，即帧频率）以上。这里，一幅静态画面称为一帧画面，24fps对应的是24帧频率（简称帧率），即一秒显示过24帧的画面。

24fps只是能够流畅显示视频的最低值，实际上，帧率要至少达到50fps以上才能消除视频画面的闪烁感，视频的显示效果才会流畅、细腻。所以，当前我们看到的很多摄像设备，已经能录制60fps、120fps等超高帧率的视频了。

↑ 24帧的视频画面截图，可以看到并不是特别清晰

↑ 60帧的视频画面截图，可以看到截图更清晰

分辨率（Resolution）

分辨率，也常被称为图像的尺寸和大小，是指一帧图像包含的像素的多少，它直接影响了图像大小。分辨率越高，图像越大，清晰度越高；分辨率越低，图像越小，清晰度越低。

常见的分辨率如下。

4K：4096×2160（像素）/超高清

2K：2048×1080（像素）/超高清

1080p：1920×1080（像素）/全高清

720p：1280×720（像素）/高清

通常情况下，4K和2K常用于电脑剪辑，而1080p和720p常用于手机剪辑。1080p和720p的使用频率较高，因为视频占用的存储空间会小一些，手机编辑起来会更加轻松。

↑ 4K分辨率的画面清晰度较高

↑ 720p分辨率的视频画面清晰度不太理想

 ## 码率（bps）

　　码率bps，也叫取样率，全称Bits Per Second，是指每秒传送的数据位数，常见单位有Kbps（千位每秒）和Mbps（兆位每秒）。码率越大，单位时间内取样率越大，数据流精度就越高，视频画面就越清晰，画面质量也越高。

TIPS

　　码率影响视频文件的体积，帧率影响视频播放的流畅度，分辨率影响视频文件的大小和清晰度。

第 **2** 课

短视频的特点与分类

本节课将讲解短视频的特点，以及短视频的题材分类。

知识点1：短视频的5个特点

近年来，短视频行业飞速发展，抖音、快手、西瓜视频等短视频平台非常火爆，几乎网尽了所有年龄段的用户，短视频甚至还逐渐进入了教育领域，一些课堂上老师用的微课也是短视频的一种。短视频之所以得到那么多用户的喜爱，其实离不开以下几个特点。

◀ 火爆的短视频App

短小精悍，内容有趣

相较于传统媒体和图文而言，短视频的节奏更快，内容也更加紧凑，符合用户的碎片化浏览习惯。同时，制作精良的短视频娱乐性更强，内容更加有趣，能够带给用户更好的视觉体验。因为时长较短，短视频展示出来的内容往往都是"浓缩之后的精华"，大大降低了人们的时间成本，又不失良好的体验感。

◀ 时长19秒的短视频

门槛较低，创作简单

　　短视频的创作门槛比较低，短视频创作者可以根据市场的走向和近期的流行元素来拍摄视频，并且这类作品还能受到观众的喜爱。短视频的拍摄和剪辑也很简单，有时只靠一部手机就能完成短视频的拍摄、制作与上传。因此，短视频的兴起，催生了很多视频博主和网红。当然，低门槛不一定代表着低质量，而是代表着人人可以参与到视频拍摄中来。

 ### 富有创意，有个性化

　　短视频的内容丰富多样，表现形式多元化，符合当下年轻人的喜好。用户可以运用极具个性化和创造力的拍摄手法以及剪辑手法来创作出精美、有趣的短视频，以此来表达个人想法和创意。

 ### 传播迅速，互动性强

　　短视频的互动性强，社交黏度高。在各大短视频平台上，用户可以对视频进行点赞、评论、收藏、分享，还可以通过私信功能向视频创作者发送消息，视频创作者也可以对粉丝的评论进行回复。这加强了视频创作者和用户之间的互动性，增加了社交黏性。因此，短视频很容易实现裂变式传播与熟人间传播，丰富的传播渠道加强了短视频的传播力度，也拓展了传播范围，提升了交互性。

→ 借助于微信视频号平台，博主与用户进行互动

 ### 观点鲜明，内容集中

　　在快节奏的生活方式下，人们在获取信息时习惯追求"短、平、快"的方式。短视频传递的信息观点鲜明、内容集中、丰富多样，更容易被观众理解和接受。

知识点2：短视频的题材分类

短视频的题材非常丰富，内容涵盖范围非常广泛，包括短纪录片、情景短剧、技能分享、街头采访和创意剪辑等。如果对这些热门题材进行细分，则可以分为搞笑类、美食类、颜值类、美妆类、旅行类、萌宠类、才艺类、教学类、街访类、电影类、摄影类、励志类等类别。

 短纪录片

短纪录片的内容通常以记录生活为主，或制作精良，或平易近人。由于拍摄素材贴近真实生活，因此很容易使观众产生共鸣。

◄ 短纪录片案例

 情景短剧

情景短剧多以搞笑类或情感类为主，在互联网上有非常广泛的传播，一般都出自视频团队制作。

◄ 情景短剧案例

技能分享

随着短视频热度不断升高，技能分享类短视频也在网络上有非常广泛的传播。这类视频创作者通常会根据自己的兴趣爱好、时间、资源等选择短视频的领域。

 街头采访

街头采访也是目前短视频的热门表现形式之一，其制作流程简单，话题性强，深受都市年轻群体的喜爱。

 创意剪辑

利用剪辑技巧和创意制作出或精美震撼，或搞笑的短视频，甚至加入解说、评论、音效等新鲜元素，是不少广告主利用短视频热潮植入广告的一种方式。

第 **3** 课

短视频拍摄工具与附件

本节课将介绍短视频拍摄工具，包括拍摄设备和所需附件的选择。

知识点1：手机拍摄短视频

手机作为视频拍摄工具，最大的特点就是方便携带，可以随时随地进行拍摄。但因为不是专业的摄像设备，用手机拍摄的视频画质往往较低。

➡️ 用手机拍摄的视频

➡️ 手机的视频拍摄界面

近年来手机摄像头的像素越来越高，拍摄出来的画质越来越清晰。例如苹果、华为、OPPO等品牌的手机，其拍摄功能都十分强大，很多机型的像素也比较高，基本可以满足新手的拍摄需求。

拍摄视频大片是否一定要准备高端手机呢？具体应该如何选择呢？事实上，微信朋友圈、微博、手机短视频平台或者主流网站大部分只支持上传1080p/30fps的视频。也就是说，只要是具有录像功能的手机，基本上都能拍出满足要求的短视频。

知识点2：单反相机与摄像机拍摄短视频

 ### 单反相机

数码单反相机的主要优势在于具有卓越的手控调节能力，可以根据个人需求来调整光圈、快门速度、曝光度等，能够让拍摄更加得心应手。卡口匹配的镜头也可以随意更换，从广角到超长焦，完全可以满足不同的拍摄需求。

但是数码单反相机的价格比较昂贵，而且体积相对手机来说比较大，相应地便携性也比较差。

↑ 数码单反相机

↑ 用数码单反相机拍摄视频

 ### 摄像机

一般来说，摄像机可以分为专业摄像机和家用摄像机两种。

1. 专业摄像机

专业摄像机常用于新闻采访或者会议活动的拍摄，它的电池蓄电量大，可以长时间使用。专业级摄像机具有独立的光圈、快门以及白平衡等设置，拍摄起来非常方便。但是专业级摄像机体积较大，拍摄者很难长时间手持或者肩扛，另外它的价格也比较昂贵。

↑ 专业摄像机

↑ 用专业摄像机拍摄视频

2. 家用摄像机

家用摄像机小巧方便，常用于家庭、旅游或者活动拍摄，其清晰度和稳定性都很高，方便记录生活。家用摄像机的操作步骤十分简单，可以满足很多非专业人士的拍摄需求，并且内部存储功能强大，可以长时间进行录制。

↑ 家用摄像机

↑ 用家用摄像机拍摄视频

 知识点 3：拍摄短视频的配件

无论是使用手机、数码单反相机还是摄像机拍摄视频，都会遇到一些特殊情况，例如手持拍摄时由于手抖造成的视频画面剧烈抖动，或者由于光线不好导致的人物脸部较暗等问题。针对拍摄视频过程中可能会遇到的种种问题，我们可以使用一些"神器"来助阵。

手持稳定器

　　顾名思义，手持稳定器就是可以手持的稳定器产品，它的作用就是使拍摄更加稳定，让用户在站立、走动甚至跑动的时候都能够拍摄出稳定顺畅的视频画面。专业的手持稳定器是拍摄短视频过程中的一款助力"神器"。

　　架设相机的手持稳定器分类则更丰富一些，一般都是按照相机的重量来划分的。例如，卡片相机、单反相机、微单相机的重量不同，相应地稳定器的体积、重量和相关配置也有很大差异。

　　有了稳定器的辅助，手持拍摄时即可拍出稳定流畅的运动画面。

　　总的来说，手持稳定器体积足够小，外出携带方便，操作时可以避免因为手抖造成的视频画面晃动等问题。

↑ 市面上常见的手持稳定器（架设手机）

↑ 市面上常见的手持稳定器（架设相机）

 ## 三脚架和云台

　　外出游玩时，想要给自己拍摄视频进行留念，不妨使用三脚架，预先构图取景，再搭配遥控器来操控快门按钮进行自拍。这样拍摄出来的视频会更具美感和留念意义。

　　三脚架是在固定机位拍摄视频时必备的配件。使用三脚架拍摄视频，可以稳定相机，防止机身抖动，避免影响拍摄效果。尤其是使用长焦镜头或超长焦镜头拍摄时，将相机和镜头安装在三脚架上，可以更加方便快捷地操作相机拍摄，在很大程度上节省拍摄者的体力消耗。另外，将三脚架固定在平滑的地面上还能防摔、防滑。

　　三脚架可以简单分为手机三脚架和相机三脚架。要想把相机或手机固定在三脚架上，还需要在三脚架顶端安装云台。

　　云台是安装和固定相机/手机的重要装备，其作用是将相机/手机和三脚架进行连接固定，控制相机/手机的角度。借助云台，可以进行360°的全景拍摄。市面上常见的云台主要分为球形云台和三维云台。

　　云台上还会配有快装板或手机夹用来安装相机或手机。

↑ 手机三脚架

↑ 手机三脚架＋云台＋手机夹套装

↑ 相机三脚架

↑ 相机三脚架＋云台套装

↑ 球形云台

↑ 三维云台

↑ 快装板

↑ 用手持云台跟拍视频

↑ 用手持云台近距离拍摄视频

麦克风

　　想要录制一段好的短视频，除了需要好的视频画质以外，还需要好的音质来进行配合。要想获得好音质，拾音设备就是必不可少的。麦克风可以很好地录制真实生动的同期声，实现视频和声音同步，让拍摄的视频变得更加生动和精彩。

　　麦克风的种类有很多，比如放在相机上的机顶麦，放在挑杆上的挑杆麦，夹在身上用的领夹麦，以及还有进行户外等多场景拍摄时使用的无线麦，等等。这些麦克风大部分都可以搭配拍摄设备使用。

↑ 机顶麦克风

↑ 领夹麦克风

 补光灯

　　在弱光环境下拍摄视频时，如果光线不足，可以使用补光灯对拍摄对象进行补光。补光灯可以改变光线，拍摄人物时，可以让脸部的肌肤呈现得更加自然；拍摄静物时，可以让光线更加柔和。

← 使用补光灯拍摄美食视频

市面上常见的几种补光灯如下图所示，包括适用于手机、相机和摄像机的补光灯。其中小功率LED补光灯和环形灯比较便携，体积较小，方便外出携带，适合作为手机补光灯使用；影视灯则更为专业，适合相机或专业摄像机拍摄视频时使用。

↑ 小功率LED补光灯　　↑ 环形灯　　　　　　　↑ 影视灯

第 **4** 课

稳定器与三脚架的使用方法

　　在拍摄视频之前，如果决定使用配件来提高视频质量，那么应该先将配件安装在拍摄设备（手机、相机或摄像机）上，确保安装无误后，再进行视频拍摄。本节课主要介绍手机稳定器与三脚架的使用方法。

知识点1：学会使用稳定器

我们以大疆品牌的DJI OM 5稳定器为例，演示手持稳定器的使用方法。

第1步：准备好稳定器，在确保设备充满电以后，开始安装手机。

第2步：当DJI OM 5处于出厂折叠状态时，按图示步骤展开云台。

第3步：将手机套入磁吸手机夹，使手机夹位于手机中间。磁吸手机夹可向两边拉伸，注意位于手机夹侧边的相机方向标识与手机相机朝向应一致。

第4步：将磁吸手机夹与云台上的标记对齐，随后将手机夹连同手机吸附于云台上。

第5步：长按稳定器上的M键开机。开机后，云台即可增强手机的稳定性。

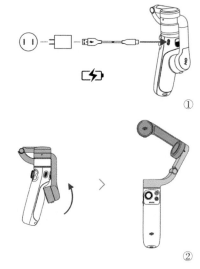

TIPS

DJI OM 5内置延长杆，最长可拉伸至215 mm，且支持手动调节角度，角度调节范围为0~90°。

DJI OM 5提供了4种拍摄模式，分别是标准模式、悬挂模式、侧握模式和低机位模式。通过切换不同的拍摄模式，可以适应不同的拍摄场景（手机在横、竖屏状态下均可使用稳定器）。

1. 标准模式

云台正放，镜头指向前方，并与地面平行。

2. 悬挂模式

将云台倒置180°即进入悬挂模式。镜头将指向前方，同时与地面平行。

3. 侧握模式

从标准模式向左或向右倾斜90º即为侧握模式。

4. 低机位模式

拉伸延长杆，通过手动调节延长杆角度至低机位模式。此模式适合用于在低角度场景拍摄。

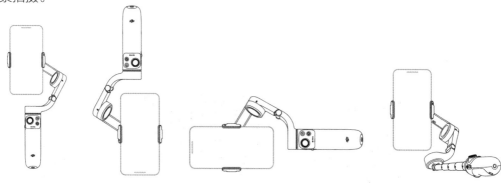

 ### 知识点2：学会使用三脚架

三脚架的用途比较广泛，可以用来固定相机，也能固定手机。三脚架脚管的固定方式有不同类型。本知识点主要以螺旋固定式三脚架搭配相机为例进行介绍。

第1步：握住三脚架脚管上方，逆时针转动螺旋锁，松开螺旋锁，拉出下一截脚管；然后顺时针转动螺旋锁再将脚管锁紧；用同样的方法将其他脚管打开。

第2步：将快装板中间的螺栓对准相机上的螺孔；捏住螺栓末端的手柄将螺栓旋入相机，拧紧；之后将螺栓手柄掰向一侧放平。

第3步：将相机底部安装好的快装板对准云台卡槽插入；之后将云台卡槽拧紧，固定住快装板，也就固定住了相机；转动云台固定螺栓，将云台固定。

第 **5** 课

手机短视频拍摄
设定与操作

本节课主要介绍在正式开始拍摄短视频之前，需要对手机进行的一些设定，并让大家掌握对于画面虚实和明暗的控制方法，这主要是通过对焦和测光实现的。

知识点1：手机短视频拍摄设置

 ## 灯光设定

　　用手机拍摄视频时，拍摄界面上闪光灯状的图标对应的并不是瞬间发光的闪光灯，而是照明灯。在我们拍摄一些比较暗的场景时，开启照明灯可以对场景进行补光，得到更理想的效果。

　　表面比较光滑的玻璃、金属等拍摄对象则不适合使用这种长明的强光，因为会导致拍摄的视频当中出现明显的光斑。

　　这种照明灯的使用要根据实际情况来进行选择，大部分情况下是不开启的。

　　如下图所示，可以看到，开启照明灯后，画面中间的玻璃上出现了一个明显的光斑，破坏了画面效果。

↑ 视频拍摄界面　　　　　↑ 进入灯光设定界面　　　　　↑ 开启照明灯界面

分辨率与短视频格式设定

在拍摄之前，我们应该根据所需短视频的要求，进行一些相应的设定。

首先来看短视频分辨率的设定。具体操作时，进入视频设置界面后点击"视频分辨率"选项，如下图所示，可以进入"视频分辨率"设定界面。可以看到这款手机有【16:9】4K、【全屏】1080p、【16:9】1080p以及【21:9】1080p等选项。

大部分情况下，我们设定默认的【16:9】1080p即可。如果对短视频的分辨率要求非常高，比如可能会在大屏幕上播放，可以考虑设定为4K分辨率。如果对短视频的分辨率要求非常低，可以选择720p的分辨率。

选4K时，可以看到界面下方有明显的提示，不能使用一些特效和美肤的效果。

之后是短视频帧率的设定。在设置界面点击"视频帧率"，进入"视频帧率"设定界面。其中，30fps和60fps两种选项分别代表每秒30帧画面和每秒60帧画面。30帧画面能保证短视频的流畅度，60帧画面则可以保证画面的播放平滑、细腻，画质更好。

在设置界面下方还有一个选项是参考线，开启参考线之后，如果回到拍摄界面，可以看到画面中出现了九宫格，能够帮助我们进行构图，并在一定程度上方便我们观察画面的水平和竖直情况。

下一项设置是水平仪，点击开启"水平仪"后，在拍摄时，画面中间会出现水平仪

↑ 设置界面

↑ "视频分辨率"设定界面

↑ "视频帧率"设定界面

标记。如果画面水平，那么水平仪中间圆圈之内的线是连起来的，如果手机水平出现了问题，中间的横线是不会连起来的。

最后还有一个设置选项可以注意一下——定时拍摄。点击开启"定时拍摄"，可以进入定时拍摄设定界面。进行视频自拍时，可以将手机放到三脚架等固定设备上，然后利用这个功能倒计时拍摄（有2秒、5秒和10秒三个选项），待我们摆好姿势之后再开始进行拍摄。

↑ 开启参考线

↑ 开启参考线后的拍摄界面

↑ 开启水平仪

↑ 手机水平时水平仪的显示状态

↑ 手机倾斜时水平仪的显示状态

↑ 设置界面   ↑ "定时拍摄"设定界面

滤镜：拍摄出不同的色彩风格

如下页图所示，在拍摄界面点击上方的滤镜图标，可以展开不同的滤镜效果缩览图，例如无、AI色彩、人像虚化等。这里我们随便选择了一种滤镜，可以看到画面的色彩和影调都出现了较大变化。

我们选择的这种AI色彩滤镜更适合表现人物，因此这里我们换了一个场景拍摄人物，同时换了一款华为手机。从下页图中可以看到，拍摄界面上的滤镜图标也发生了变化，它位于拍摄界面的左下角，但内部功能的设定基本上是一样的。

拍摄人物时使用滤镜效果会更好一些。下页所示的案例中，我们先选择AI色彩滤镜得到了一种拍摄主体更突出的效果；再选择人像虚化滤镜，使人物周边的环境得到虚化，但是这种虚化效果的边缘过渡不一定理想。

我们还可以尝试一些其他效果，例如怀旧、悬疑以及清新等。

如果后续还要对视频进行一些其他的剪辑及效果制作，则不建议在拍摄时套用滤镜效果。

↑ 拍摄界面

↑ 滤镜选择界面

↑ 选择AI色彩滤镜的画面效果

↑ 点击滤镜设置

↑ 选择AI色彩滤镜的画面效果

↑ 选择人像虚化滤镜的画面效果

⬆ 选择怀旧滤镜的画面效果　　⬆ 选择悬疑滤镜的画面效果　　⬆ 选择清新滤镜的画面效果

 ## 美颜：让人物皮肤光滑白皙

　　如下图所示，拍摄界面右下角是美颜功能，美颜主要是在拍摄人物时使用。因为一般来说，没有化妆或打粉底时，人物面部的瑕疵，比如黑头等拍出来会特别明显，那么开启美颜功能，人物的皮肤就会特别白皙、平滑。

　　点击"美颜"图标之后可以看到，在拍摄人物时，默认是有一定的美颜效果的，如

⬆ 关闭美颜效果　　⬆ 中等美颜效果　　⬆ 最强美颜效果

我们关掉这种美颜效果，人物面部肤质会明显变得粗糙；如果我们将美颜效果开到最高，人物的皮肤会非常的光滑，但皮肤的质感会丢失。所以在使用美颜功能时，一定要注意好度的问题。

 ## 色调风格：设定画面色感

有些型号的手机，还有风格设定这样一个功能。如下图所示，在拍摄界面上方中间位置，可以看到色调风格的选项，点击即可设定标准、鲜艳和柔和三种效果。可以看到，标准色调风格属于比较适中的效果，而"鲜艳"则是非常浓郁的效果，"柔和"也是偏浓郁的风格，但是画面的效果更柔和、平滑一些。

↑ 标准色调风格　　　　　↑ 鲜艳色调风格　　　　　↑ 柔和色调风格

 # 知识点2：自动模式下拍摄操作

 ## 手机自动测光决定明暗

相对于之前的那些设定，短视频明暗与清晰度设定更重要一些。与拍摄照片一样，在拍摄短视频时，如果最终清晰对焦的位置不合理，那么画面就会给人很模糊的感觉。

这时手动点击想要清晰对焦的位置，就可以完成对焦。

对于手机来说，对焦点即是测光点，也就是说我们点击一下屏幕的某个位置，不但决定了短视频的清晰度，也决定了短视频的明暗。

对于测光点来说，如果我们点击一个非常明亮的位置，那么手机会认为拍摄环境的亮度非常高，就会自动降低曝光值，那么短视频画面就会变暗一些；如果我们点击一个偏暗的位置，那么手机会认为我们要拍摄的画面比较暗，会自动提高曝光值，最终拍摄出来的画面就会偏亮一些。

↑ 点击屏幕完成测光　　　　↑ 测亮处的效果　　　　↑ 测暗处的效果

手动设定画面明暗

使用手机拍摄短视频时，我们除了可以通过所选择的测光点来确定画面的明暗（不选择测光点时手机会自动判定）之外，还可以人为地设定曝光补偿（单位是EV），来改变曝光值的高低，调整画面的明暗效果。

如下页上方的三张图所示，我们单击画面中某个位置，测光完成之后，手指点在对焦点一侧的小太阳上，点住并向下拖动（－0.5EV），可以看到会降低画面的曝光值，画面会明显变暗；向上拖动则会提高曝光值（＋0.8EV），画面明显变亮。设定好之后，手机就会以我们最终设定的曝光效果进行拍摄。

↑ 设定−0.5EV补偿　　　↑ 设定+0.8EV补偿　　　↑ 设定补偿后拍摄

 对焦点对虚实的控制

　　我们换一个场景，使用华为的Mate 20手机进行拍摄，可以看到天空位置是虚化的。为了让上方的植物也变得清晰，我们点击上方的树叶位置，可以看到植物变得清晰了，这就是对焦点的使用方法。我们需要哪个位置清晰，点击哪个位置即可。

↑ 没有完成对焦的效果　　　↑ 完成对焦的效果

需要注意的是，点击改变对焦位置后，测光点会相应地改变，画面明暗也会跟着变化，这时可能就需要手动改变曝光补偿来改变画面明暗。

 ## 知识点3：锁定对焦和曝光

有时候拍摄的短视频画面忽明忽暗，这是因为没有锁定对焦和曝光。学会曝光锁定与对焦锁定，会大大提高拍摄效率，也会显得更加专业。锁定对焦和曝光是至关重要的一步，不同品牌的手机，锁定方式也不同。

手机锁定对焦和曝光的方法非常简单。以华为手机为例，只需长按屏幕中的拍摄对象三秒，即可锁定对焦和曝光。

锁定对焦功能对打算从远及近地靠近人物拍摄来说是十分实用的。但是与专业设备相比，手机还是有它的局限性，拍摄时变焦效果往往不太理想，因此应尽量在拍摄前稳定焦距，不要随意变换焦距，以便提高画面质量。

↑ 手机锁定对焦和曝光

短视频的景别

　　景别是指拍摄取景的视角，通过不同的景别关系，展现要拍摄的整个场景概况，或是某些单独对象与空间的关系。

　　本节课将介绍短视频拍摄中常用的5种景别方式，分别是远景、全景、中景、近景和特写。

知识点1：远景的概念及应用

　　远景的视角非常宽广，通常使用广角镜头拍摄，适合拍摄城市、山峦、河流、沙漠、大海、户外活动等短视频题材。尤其适合用于拍摄短视频的片头部分，能够将主体所处的环境完全展现出来。

◀ 远景视频
画面

 ## 知识点2：全景的概念及应用

　　全景镜头的视角要比远景镜头的视角稍窄一些，适合拍摄整个主体的形貌。虽然全景的视角也比较广，但拍摄的距离却要比远景近一些。全景更能够展示出人物的行为动作和表情相貌，或者用来表现多个人物之间的关联。

　　全景在短视频的叙事、抒情，或阐述人物与环境的关系上，有更好的作用。

◀ 全景视频
画面

知识点3：中景的概念及应用

　　与全景相比，中景所包容景物的范围进一步缩小，环境处于次要地位，重点在于表现人物的上身动作。中景画面一般用于拍摄人物的上半身，不但可以充分展现人物的面部表情、发型发色和视线方向，同时还可以兼顾人物的手部动作。

➡ 中景短视频画面

知识点4：近景的概念及应用

　　近景的视角范围更小，拍摄距离相对更近。近景画面一般拍到人物胸部以上部分，重点用来刻画人物的面部表情或清楚地表现人物的细微动作，对于所处环境的交代则基本可以忽略。

　　拍摄近景时，环境要退于次要地位，画面构图应尽量简练，避免让杂乱的背景抢夺观众的视线。

➡ 近景短视频画面

知识点5：特写的概念及应用

　　特写是视角最小的一种画面效果。特写画面的下边框一般在肩部及以上，只拍摄人物头部，甚至仅仅是面部五官中的某一个。特写画面能够清晰地展现人物面部的细节特征和情绪变化，着重表现人物的眼睛、嘴巴和下巴等细节之处，捕捉神态的细微动作表情，如微笑、痛哭、眉头微皱、惊诧等，从而渲染出短视频的情感氛围，更好地推动剧情发展。

　　不同景别的画面会给人带来不同的情感投影和感受。

　　综上所述，景别的选择应当和短视频的实际内容相结合，服从每个镜头的艺术表现需求。要努力把风格和内容结合起来，使每个镜头都能够和谐统一，让整个短视频能够完整叙述。

← 特写短视频画面

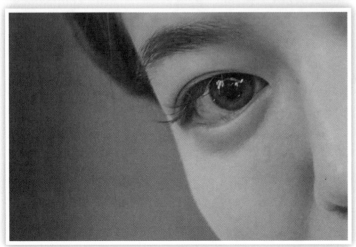

← 眼睛的局部特写

提升短视频的表现力

本节课将讲解拍摄短视频的一些经验，帮助大家快速拍出理想的短视频，提升短视频的表现力。

知识点1：确定主题

在拍摄视频之前，我们首先要明确视频主题，锁定拍摄目标，这样才能拍摄出有故事、有内容、有立意的短视频。也只有先确定主题，拍摄出来的视频内容才不会过于枯燥，让观看者觉得索然无味。

知识点2：画面维持横平竖直

拍摄视频的第2个要点是画面维持横平竖直。

在拍摄的过程中，可以开启手机中的参考线和水平仪功能或相机中的网格线功能辅助拍摄，使视频画面不再东倒西歪，破坏美感。

尤其是在拍摄有水平线的风光或建筑时，水平仪功能就显现出了它的价值。

↑ 手机开启参考线和水平仪功能

↑ 相机开启网格线功能

 ↑ 借助参考线和水平仪拍摄的画面，画面横平竖直，十分美观

知识点3：注意光线

　　拍摄短视频时，光线是十分重要的。光线是一种很神奇的东西，它既可以是扰乱画面效果的"敌人"，也可以是让作品锦上添花的"贵人"。因此，你需要知道如何利用光线才能对你的短视频作品更有利。

好的光线布局可以有效提高画面质量。在拍摄有人物或动物出镜的短视频时，多用柔光，可以增强画面美感。

　　无论室外还是室内，如果现场光线明暗反差很大，一般来说，建议让要表现的主体对象位于光线照射的位置上，而不宜将其放到阴影当中。下面这两张照片当中的人物都处于光照当中，画面看起来会更有意境。

光线是为作品而服务的。你也可以利用光线进行艺术创作，比如利用缝隙中透出的丁达尔光让画面变得更具表现力，更有艺术氛围。

如果拍摄场景的光线不充足，可以利用自然光、照明灯等对拍摄对象进行补光。

第 **8** 课

拍摄短视频的运镜方式

本节课将学习拍摄短视频的运镜方式。

知识点1：推镜头

推摄是将拍摄器材向拍摄对象方向推进，或者调整镜头焦距使画面框架由远而近向拍摄对象不断推进的拍摄方法。

随着镜头的不断推进，视频画面由较大景别不断向较小景别变化，这种变化是一个连续的递进过程，最后固定在主体目标上。推进速度的快慢，要与画面的气氛、节奏相协调。推进速度缓慢，带给人抒情、安静、平和等气氛；推进速度快则可表现紧张不安、愤慨、触目惊心等情绪。

推进过程当中，要注意对焦位置应始终位于拍摄对象上，避免拍摄对象出现频繁的虚实变化。

知识点2：拉镜头

拉镜头是拍摄器材逐渐远离拍摄对象，短视频画面中的拍摄对象由大变小，形成视觉后移效果的拍摄方法。拉远的方式有两种，一是让拍摄的手机逐渐远离拍摄对象；二是变动镜头的焦距，远离拍摄对象。

拉镜头要特别注意环境信息的提前观察，并对镜头落幅的视角进行预判，避免最终视觉效果不够理想。

知识点3：摇镜头

　　摇镜头是指机位不变化，以三脚架或拍摄者为中心进行水平或垂直转动拍摄。摇镜头的效果：取景画框不变，通过镜头左右上下转动，使画框内的景物发生了变化，可以用于展示更广阔的空间和对象，表现人物的运动，以及表现事物之间的内在联系。

知识点4：移镜头

　　移镜头是指让拍摄者沿着一定的路线运动来完成拍摄。比如说，汽车在行驶过程当中，车内的拍摄者手持拍摄器材向车外拍摄，随着车的移动，视角也是不断改变的，这就是移镜头。

　　移镜头是一种符合人眼视觉习惯的拍摄方法，让所有的拍摄对象都能平等地在画面中得到展示，还可以使静止的对象运动起来。

　　由于移镜头拍摄手法是在运动中拍摄，所以稳定性是非常重要的。在我们常见的影视作品中，一般要使用滑轨来辅助完成移镜头的拍摄，主要就是为了得到更好的稳定性。

　　使用移镜头手法拍摄时，建议适当多取一些前景，这些更靠近机位的前景运动速度会显得更快，可以强调镜头的动感。

　　还可以让拍摄对象与机位进行反向移动，从而强调速度感。

知识点5：跟镜头

跟镜头是指机位跟随拍摄对象运动，且与拍摄对象保持等距离的拍摄方法。这样最终得到仿佛就跟在拍摄对象后面的主体不变，但景物却不断变化的效果，从而增强画面的临场感。

跟镜头具有很好的纪实意义，对人物、事件、场面的跟随记录会让画面显得非常真实，在纪录类题材的短视频中较为常见。

知识点6：升降镜头

移镜头是左右平移镜头。除了左右平移镜头之外，也可以上下平移镜头，这种上下平移镜头的拍摄方式就是升降镜头。

在拍摄的时候举高拍摄器材，手臂固定不动，通过身体下蹲来完成下降运镜，反之则是上升运镜。

升降镜头拍摄能够带来画面视域的扩展和收缩，而且可以使视点连续变化，形成多角度、多方位的多构图效果。升降镜头有利于表现高大物体的各个局部。

↑ 升镜头画面1

↑ 升镜头画面2

↑ 升镜头画面3

↑ 降镜头画面1

↑ 降镜头画面2

↑ 降镜头画面3

 ## 知识点7：综合运动镜头

综合运动镜头是指用拍摄器材在一个镜头中把推、拉、摇、移、跟、升降等各种运镜方式结合在一起的拍摄。

综合运动镜头的画面特点

综合运动镜头能够产生复杂多变的画面效果；

由综合运动镜头的方式拍摄的短视频画面，是多方向、多方式运动合成后的结果。

综合运动镜头的作用

有利于在一个镜头中记录和表现同一个场景中的不同景别，完整地叙述故事情节；

综合运动镜头是形成短视频画面形式美的有效手段，通过多元化的运镜方式，能够极大提升短视频的精美程度；

综合运动镜头的连续动态有利于再现现实生活的流程；

在较长的连续画面中，综合运动镜头带来的画面变化可以与背景音乐的旋律变化相互"合拍"，形成和谐的短视频节奏。

综合运动镜头的拍摄要点

除非要表达特殊情绪或对画面有特殊要求，镜头的运动应力求平稳；

运镜的转换应与人物的动作方向一致，也应与情绪的发展转换一致；

运镜时要注意焦点的变化，始终要避免让主体失焦而变得模糊。

第 *9* 课

本节课将学习短视频的拍摄流程，包括拍摄脚本准备和分镜头脚本的设计方法，以及完整的短视频脚本内容策划。

知识点1： 脚本前期准备

在编写短视频脚本之前，需要做一些前期准备，主要包括确定短视频主题、短视频的整体内容思路和拍摄流程等。

1. 拍摄主题

主题是短视频的核心内容。比如拍摄美食类短视频，拍摄主题可以是某一道家乡特色菜。

2. 拍摄定位

在拍摄前期就要定位内容的表达形式，比如剧情短片或旅行Vlog。

3. 拍摄时间

提前确定拍摄时间可以更好地把握拍摄进度。例如想要拍摄日出的美景，就要早起去一个观看日出的最佳地点做好准备，等到太阳升起之时就要开始拍摄。

4. 拍摄地点

拍摄地点非常重要，应提前规划例如要拍的是室内场景还是室外场景，是日场还是夜场。比如拍摄和家人朋友互动的趣味短视频，场景要选择室内的客厅还是选择开放的公园，这些都是需要提前确定好的。如果遇到需要预约的拍摄场地，更应提前做好准备。

5. 拍摄对象

拍摄对象可以是人物、动物、静物、风景等任何你想要拍摄的东西。如果拍摄的是人物，那么应和拍摄对象提前沟通好拍摄时间。

6. 主要内容和剧情

内容和剧情是短视频内容策划的重中之重。提前设计好短视频的内容和剧情，才能把前期的创意和物料转化为具体的拍摄方案。

 知识点2： 内容策划

一条短视频虽然只有几秒至几分钟，但是优秀的短视频中，每个镜头都是精心设计过的。想要输出优质的短视频内容，就要提前规划好镜头脚本。

所谓内容策划，就是在开始拍摄短视频之前先写分镜头脚本。用文字内容分别表达一系列单独拍摄的镜头画面，用文字把视频情节分为分镜头。

内容策划的作用

（1）明确拍摄框架和流程；

（2）帮助厘清思路，有效提高拍摄效率和质量。

根据主题创作文字脚本

确定短视频主题以后，便可以开始制作文字脚本。文字脚本的内容越细致，信息越明确，拍摄效果越好。

分镜头脚本示例

镜号	景别	摄法	长度	画面内容	解说词	音乐	备注
1	全景	俯拍	5秒	漂亮的游乐场门口	这是一个充满童话故事的地方	渐起音乐	影视资料
2							
3							

镜号：指镜头的顺序号，如1、2、3、4、5。

景别：指用什么样的景别去拍摄这个分镜头，如远景、全景、中景、近景、特写。

摄法：指镜头拍摄的方式，如推、拉、摇、移、跟。

长度：指这个分镜头的时长。注意短视频的风格、节奏及镜头的特点。

画面内容：指用文字阐述拍摄的具体画面，注意镜头的运动技巧和镜头的组合技巧。

解说词：指配合画面来说明、补充画面的旁白音及短视频上的字幕说明。

音乐：指为画面内容选配合适的音乐，起调节节奏、渲染气氛、烘托主题、提示段落等作用。

备注：指其他需要说明或提示的内容。

TIPS

不同类别的短视频，分镜头脚本的内容也有所区别。比如宣传片、解说片、剧情片等，脚本需要出现的内容项也不一样，所以脚本并没有一个绝对统一的标准。

分镜头脚本中的内容并非需要全部填写，根据自己的拍摄需求进行填写即可，多余的项可以删除，缺少的项可以增加。

 ## 设计分镜头：将脚本转化为用分镜头直接表示的画面

完成了脚本前期准备和文字脚本的编写之后，就可以设计分镜头了。

案例：短视频《快乐周末 | 记录第一次学习下厨》

可以看到，下页这个案例的短视频截图中，通过不同的景别大小、人物不同的角度，完成了第一次下厨从准备到做好美食整个过程的记录。

↑ 短视频画面截图

　　再比如说，假设我们要拍摄一段文艺演出的短视频，分镜头画面可以进行如下设计。

（1）表演准备（演员们化妆准备表演服）

（2）演出会场（现场环境、观众反应）

（3）开始演出（演出过程、舞台道具、精彩片段）

（4）演出尾声（现场颁奖、领导发言）

（5）演出结束（散场后演员们的欢声笑语）

知识点3：执行拍摄

 设置分辨率和帧率

以华为手机为例。如下图所示，打开相机，点击界面右上角的设置按钮，进入设置界面。在设置界面找到"视频分辨率"和"视频帧率"选项，选择想要设置的分辨率和帧率即可。

 选择短视频画幅：横画幅、竖画幅

其实从使用习惯上，手机更适合竖握，所以使用手机拍摄短视频时，竖拍要比横拍更加方便，并且能够更好地满足观者在手机上的观看体验。另外，随着抖音、快手等短视频平台的兴起，竖构图拍摄的视频在平台上的展示效果也更好。那么这是否意味着竖画幅一定要比横画幅更好呢？当然不是，我们还需要根据实际情况判断自己想要拍摄的影像更适合以哪种方式进行拍摄。

那问题来了，我们到底应该如何选择横画幅或者竖画幅呢？

↑ 手机录像

横画幅

　　横画幅更符合人们的视觉习惯，因为人的双眼是水平的，大部分物体也都是在水平方向上延伸的。横画幅的画面能够给人以自然、舒适、平和、宽广的视觉感受，适合表现水平方向延伸的景象。特别是在表现大场景时，横画幅比竖画幅更具气势，整个场景看上去更宏伟、壮丽。横画幅适合用于拍摄例如开阔的草原、海面、大面积的花卉、城市建筑、绵延的山脉等。

↑ 横画幅，表现城市建筑群的宏伟气势

↑ 横画幅，表现山脉的绵延不绝

短视频在选择画幅时，要根据具体拍摄的主题而定。比如拍摄多人露营的短视频画面时，必须横向才能最大化成像，将整个集体容纳进画面当中。

↑ 集体合影，横向使得成像最大化

竖画幅

竖画幅的迷人之处在于它制造出来的独特意境。这种由近及远、由远及近的观察方式，层层递进，很容易突出中心。例如在风光摄影中，竖画幅常用于表现向远处延伸的公路、街道小巷、蜿蜒曲折的溪流等线条题材。

↑ 竖画幅，表现公路的无限延伸，好似没有尽头

↑ 竖画幅，表现风景的层层递进，从近景的植物到远景的山脉，主次关系分明

竖画幅构图也能给人以高耸、向上的感觉，适合表现高大、挺拔的景物，如树木、建筑、人像等题材。

↑ 可利用竖构图突出单一线条的纵向张力

↑ 竖画幅拍摄巴黎埃菲尔铁塔，体现建筑的高大、挺拔

实地拍摄

首先，在拍摄过程中要避免出现画面混乱、拍摄对象不突出的现象。成功的构图应具有主题突出、重点突出、画面简洁、赏心悦目等特点。

其次，要关注短视频的成像质量。如果担心手抖影响成像清晰度，可以使用防抖设备，如三脚架和稳定器等。

最后，要注意拍摄时的动作和姿势，避免大动作。例如，拍摄移动机位短视频时，动作幅度要小一些，运镜时尽量保证画面的平稳，握住拍摄器材的手不能放松，尽量不要移动指关节。

对于新手来说，拍摄短视频或多或少有些难度，再加上对短视频拍摄过程的不熟悉，会导致时间的浪费和拍摄成果的不理想。因此，想要拍摄出精彩的短视频，需要一定的时间和精力来做准备，并且要反复练习实地拍摄。

第 **10** 课

慢动作摄影

本节课将学习慢动作摄影的概念、拍摄方法和应用场景。

知识点1：慢动作的概念

　　慢动作是指"延缓"短视频画面中的动作节奏，"延长"动作时间，使观者更容易看清一些比较快的动作的拍摄效果。

　　目前市面上的大多数智能手机都有慢动作拍摄模式。慢动作模式拍摄出来的并不是一段正常播放的短视频，而是慢速播放的短视频。

　　慢动作适合拍摄一些运动、激烈的场景，可以把画面通过慢放的形式表现出来，例如水花飞溅、运动员冲刺、鸡蛋打破的瞬间等。如下图所示，用慢动作模式拍摄马拉松比赛，极具现场动作还原感。

↑ 慢动作拍摄模式

↑ 用慢动作模式拍摄马拉松比赛

知识点2：慢动作的拍摄方法

　　通常电影中的慢动作是由于拍摄中摄影机的转速（底片在电影摄影机中转动的速度）高于每秒24格。在这样的高速摄影技术加持下，银幕上的运动可以随心所欲地变慢。慢动作摄影能表现出韵律感以及情绪性方面的直接魅力，已成为影视艺术中常用的表现技巧。

　　追本溯源，慢动作的根本作用是延长实际运动过程。瞬间变化被延缓放大，主体动作因此得到格外地强调突出。于是，慢动作被认为是"时间上的特写"。这种时间上的"放大"与叙事铺垫结合在一起，创造出深邃的艺术意境。

当前比较流行的慢动作效果，是指将录制的视频进行慢放，从而让观者产生一些不同的情绪或感受。当前主流的手机大多具备慢动作录制功能，其原理是利用高帧频进行录制，然后用正常帧频进行播放，就会得到慢动作效果。例如，我们可以用120帧／秒的帧频拍摄一个动作，再用24帧／秒的帧频播放，这样视频就放慢了5倍。

以华为手机为例。如下图所示，打开相机功能，进入拍摄界面，在"更多"功能中选择"慢动作"模式。

选择慢动作模式后，调节拍照速率。点击"快门"按钮，即可开始录制慢动作；再次点击"快门"按钮，即可结束录制慢动作。拍摄完成的短视频会自动保存在手机相册中。

慢动作短视频是掩盖不稳定画面的绝佳方式。但如果你合理使用稳定器，不仅自己的拍摄水平将更上一层楼，短视频画面看起来也会如丝绸般顺滑。

第 *11* 课

延 时 摄 影

本节课将学习延时摄影的概念、延时摄影的拍摄方法和延时摄影的应用场景。

知识点1：延时摄影的概念

延时摄影（Time-lapse Photography），又叫缩时摄影、缩时录影，是一种将时间压缩的拍摄技术。其通常是拍摄一组照片，再通过后期将多张照片合成为一段影像，把几分钟、几小时甚至是几天的过程压缩成一个较短的视频。在一段延时摄影短视频中，物体或者景物缓慢变化的过程被压缩成一个快速播放的片段，呈现出平时用肉眼无法察觉的奇异景象。

延时摄影可以认为是和慢动作相反的过程。延时摄影通常应用在拍摄城市风光、自然风景、天文现象、城市生活、建筑制造、生物演变等题材上。

例如，下图中所示的这段云海日出延时摄影，记录了太阳升起的过程。

知识点2：延时摄影的拍摄方法

拍摄延时摄影的过程类似于制作定格动画（Stop Motion），把多张拍摄间隔时间相同的图片串联起来，合成为一个动态的短视频，以明显变化的影像展现景物低速变化的过程。

譬如花蕾的开放约需3天3夜，即72小时。每半小时拍摄它的一张照片，以顺序记录开花动作的微变，共计拍摄144张照片，再将这些照片串联合成为视频，按正常频率放映（每秒24帧），那么在6秒钟之内即可展现3天3夜的开花过程。

拍摄延时摄影的主要器材有摄像机、相机、无人机、手机；辅助器材有三脚架、云台、定时快门线、延时轨道、赤道仪等。一般为了达到较好的影像效果，延时摄影主要以相机和无人机拍摄为主。

拍摄器材：数码单反相机、微单相机、专业航拍无人机可以拍摄高画质的图像，并且可以全面掌握曝光的过程，参数是完全可控的；手机虽然便于携带，轻巧方便，但是无法达到专业相机的成像效果。

三脚架：延时摄影的拍摄需要稳定的拍摄平台，任何的晃动都会造成后期视频画面的抖动、晃动。三脚架可以帮助我们固定机位，保证拍摄画面的稳定。对于拍摄对象移动范围较大的延时，三脚架更是不可或缺。

定时快门线：使用单反相机拍摄延时摄影，需要等时间间隔拍摄一系列照片，不太可能完全用手按动快门按钮拍摄。很多相机不具备间隔拍摄功能，这时就需要一个外部定时器，也就是定时快门线。

 ## 手机拍摄延时摄影

以华为手机为例。如下图所示，打开相机，点击"更多"功能，选择"延时摄影"，进入延时摄影界面。将手机固定在三脚架上，点击"快门"按钮，即可开始拍摄；再次点击"快门"按钮，即可停止拍摄。

相机拍摄延时摄影

方法一：使用定时快门线拍摄

使用定时快门线遥控相机进行间隔定时拍摄，即可达到延时摄影拍摄的目的。具体使用方法可以参考快门线产品的使用说明书。

第1步：准备好相机、镜头、三脚架、定时快门线、大容量相机存储卡。

第2步：将相机固定在三脚架上，相机开机，将定时快门线连接到相机上。

第3步：将定时快门线开机，设置延时设定、曝光时间、间隔时间和拍摄张数。设置完成后，退出设置模式。

|　延时设定　|　曝光时间　|　间隔时间　|　拍摄张数　|

第4步：按下相机的快门按钮或者定时快门线的"TIMER START（计时器开始）"按钮，此时定时快门线会进入计时器模式，自动控制相机开始延时摄影拍摄。当设定的张数拍摄完成后，相机自动完成拍摄。

第5步：通过后期软件将拍摄的多张照片合成为延时视频。

注意：镜头或遮光罩可能会遮挡定时快门线的信号接收部分，影响信号接收。请从不遮挡信号接收的位置进行操作。

方法二：间隔拍摄

有些相机自带间隔拍摄功能。有此功能的相机，无须连接定时快门线即可进行延时拍摄。

第1步：准备好相机、镜头、三脚架、大容量相机存储卡。

第2步：将相机固定在三脚架上，相机开机，点击"MENU（菜单）"按钮，进入菜单界面。找到"间隔拍摄"，设置开始日期和开始时间、间隔时间、拍摄次数和拍摄张数。设置完成后，退出菜单界面。

第3步：按下相机的快门按钮，此时相机会自动开始拍摄延时摄影。当设定的拍摄张数拍摄完成后，相机自动完成拍摄。

第4步：通过后期软件将拍摄的多张照片合成为延时视频。

延时摄影拍摄的注意事项

稳定压倒一切。一定要将相机牢牢固定在坚固的三脚架上，避免刮风等原因造成相机的晃动导致拍摄失败。

避免不必要的杂物进入画面。如在马路上拍摄，为避免行人进入画面，一定将相机架在远离人行道的地方。

准备充足的备用电池、存储卡，延时拍摄一般要工作几小时甚至几十小时，所以一定要根据所需素材的时长准备充足的附件，条件允许的情况下最好接通交流电进行拍摄。

注意对机器的保护。因为耗费的时间比较长，为了保护相机的安全，避免自然、人为等因素的破坏，延时拍摄时一定注意看管好相机，同时避免暴晒和低温。

 知识点3：延时摄影的应用场景

延时摄影在商业广告、电影、宣传片、纪录片、旅拍中应用较为广泛，其压缩时间的手法，可以表现时间快速流逝的意境，已是众多影像作品中必备的拍摄手法。

延时摄影拍摄主要以自然风光和城市人文以及生物活动为主。常用于例如植物生长、云彩飘动、天气变幻、天文现象、城市景观、车流、人流等多种题材的拍摄。

拍摄延时视频要选择合适的拍摄对象，突出"变化"效果，如果在一定的时间内景物变化不大，则很难达到震撼的艺术效果。适合延时拍摄的对象应有以下特点：拍摄对象的形态、内容有明显变化；拍摄对象光线效果、阴影有明显变化；或拍摄对象色彩、色温、亮度有明显变化。通过拍摄对象状态和光线的快速变化表现时光流逝和时空转换，给人世事变迁、沧海桑田的感受；也可以表现现代化都市快节奏的生活、繁忙的工作状态。比如拍车流或者街上的行人，这种车水马龙的快速变化就可以表现出现代人生活高效、快节奏的状态。延时摄影已经成为很常用且效果丰富的一种画面处理方式。

花朵绽放

下面这组照片是以延时摄影的方式展现了花朵从花苞到完全绽放的全过程，整段视频虽然只有十几秒，却表现出了花朵在几小时内的变化过程。

↑ 萌芽　　　　　　　　　　　　　　　↑ 花骨朵

↑ 部分花开　　　　　　　　　　　　　↑ 完全绽放

 ## 城市景观

用延时摄影的方式拍摄城市景观，明显变化的影像展现了云层与太阳光线低速变化的过程，经过时间压缩后的视频画面给人带来光怪陆离的感觉。

 ## 知识点 4：直接拍摄延时效果与将视频快进得到延时效果的区别

　　或许你会有疑问，如果将我们拍摄的正常视频快放，是否也能达到延时的效果呢？是的，也能达到，但实现起来比较难。采用延时拍摄的方法，可以隔一段时间拍一张照片，一天可能只需要几百张照片就能记录24小时的光影变化；但如果采用先拍视频，之后快进的方式实现延时效果，需要拍24小时视频，数据量太大，后期也很难处理。

短 视 频 剪 辑 入 门

　　本节课将介绍手机短视频的基本剪辑技巧，让大家掌握手机短视频剪辑的一般流程。当然，这种流程并不是说固定不变，大家可以根据实际情况调整某些环节的顺序。

　　目前市面上有非常多的手机短视频剪辑软件，功能都大同小异，只要掌握其中一款软件，其他的基本也就会用了。本节课中，我们所用到的软件是剪映。剪映是抖音推出的一款免费的、功能比较强大的软件。

知识点1：素材导入及设定

首先打开剪映软件。如下图所示，打开软件后，点击"开始创作"按钮，随便选择三个素材（可以是短视频也可以是图片），点击"添加"按钮，将素材导入到剪映软件中。

导入的三个短视频素材都是横屏的，为了让手机的竖屏体验更好，需要在工具栏里点击"比例"按钮，选择"9∶16"选项。当短视频变为9∶16的比例之后，短视频的上方和下方都被填充为黑色的背景了。

点击"<"按钮，点击"背景"按钮。

选择"画布模糊"选项，然后在下方选择一个自己最喜欢的模糊样式，点击"√"按钮确认。

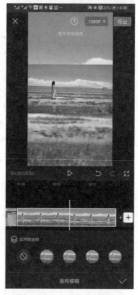
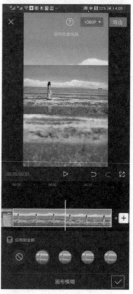

 知识点2：声音设定

此时短视频的动态画面有了，但还缺少背景音乐。如下页图所示，我们可以点击"<"按钮，返回到上一级菜单中，再点击下方工具栏中的"音频"按钮，音频里面有音乐、音效、提取音乐、抖音收藏、录音等选项。

如果喜欢某个短视频里面的音乐，但是又不知道音乐的名字是什么，这时可以点击"提取音乐"按钮，导入短视频，这样就可以直接将短视频中的音乐提取出来了，这个

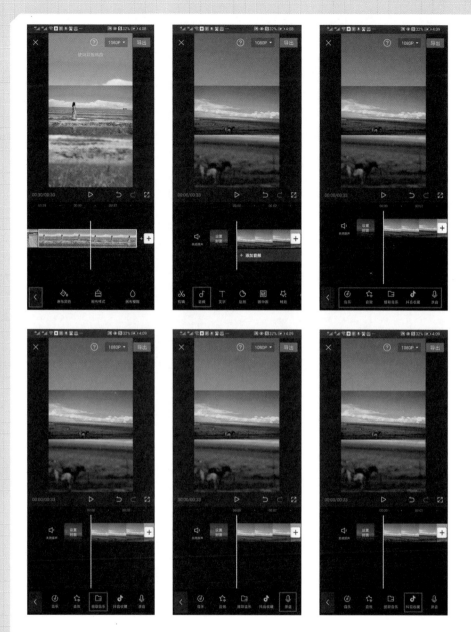

　　方法非常方便。你也可以自己给短视频配音，点击"录音"按钮，就可以开始录音了。

　　我们点击"抖音收藏"按钮，选择一个之前收藏过的音乐，点击"使用"按钮，将它导入进来。

　　如果拍摄的时候是处在一个比较嘈杂的环境中，同时又希望短视频原声和背景音乐不要混在一起的话，可以关闭原声。点击"关闭原声"按钮，就可以将短视频的原声关闭了。完成后点击"<"按钮，返回到上一级菜单中。

　　如果音乐中的某一段歌词和视频内容不相符，可以把这段不相符的短视频剪切掉。

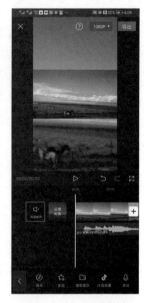

　　将白色指针移动到短视频不想要的部分的起始位置，点击"剪辑"按钮，再点击"分割"按钮，该短视频就会被分割成两段。

　　　　再选中分割出来的后半段短视频，点击"删除"按钮，这样就可以把不想要的部分删除掉。

TIPS

　　如果我们想剪切的是视频画面，一定要选中视频；如果我们想剪切的是音乐，那么要选中音乐。

知识点3：字幕设定

　　接下来要给短视频添加文字。如下图所示，选择"文字"按钮，然后选择"新建文本"选项，在文本框中输入"一个人的旅行"。

　　点击"花字"按钮，选择一个花字模板，然后把键入的文字部分移动到短视频画面的上方，点击"√"按钮。

此时会有一个问题，大家可以看到，只要文字轨道没有覆盖到的视频时段，文本就消失了。所以如果你想让整个短视频都呈现这个标题，可以分别拖动文字轨道首末端滑块与视频轨道的首末端对齐。

如果你想给短视频添加多段字幕，可以使用插入标题的方法把文字一段一段地添加到对应的短视频里。但是如果你比较懒，插入音乐之后又想直接做一个MV，把歌词变成字幕的话，其实剪映里面有个非常强大的功能——识别歌词。点击"<<"按钮，点击"识别歌词"按钮，软件就会对歌词进行自动识别，最终生成一段段文本并添加在短视频中。

 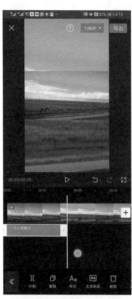 

知识点4：转场特效

文字生成之后，我们还可以给短视频添加转场特效。点击"转场"按钮（下方左图红色方框内的按钮），里面有非常多的转场特效可供选择。例如这里选择"叠化"特效，调整转场时长，点击"√"按钮。注意特效不能太长，否则特效会和添加的文字叠在一起。

知识点5：添加封面

播放一遍短视频，检查是否有问题，如果没有任何问题，那么这条短视频基本上就制作完成了。最后需要给短视频添加封面。

在设置封面时，你可以从相册导入一个封面，也可以直接在短视频中选择一帧画面做封面。还可以在封面上添加文字，例如"世界那么大，一起去看看吧"。然后再选一个自己喜欢的花字，最后点击右上角的"保存"按钮，这样就完成了封面的制作。

 ## 知识点6：输出设定

完成短视频制作后，界面右上方有一个标示为"1080p"的选项，点击这个按钮，可以设置导出的短视频的分辨率和帧率。

分辨率代表的是短视频的清晰度。分辨率越大，短视频的清晰度越高，也就更占内

存，当分辨率设置到2K甚至4K的时候是非常占内存的；而1080p是经过压缩的，但是它占用的内存相对还可以，画质也还不错，比较适合手机剪辑的短视频，也方便通过微信或者QQ传播，因为占用内存太大的短视频是发送不出去的。即使是拍电影，也没有必要用到那么大的分辨率。

帧率代表的是短视频的流畅度，帧率越高，画面的流畅度越高。就好比针对动画片中的一个拍手动作分别画了3张和30张的原画，那肯定是画30张的拍手动作更流畅，短视频也是一样的，30帧就代表1秒之内有30个画面。如果是通过手机端上传和传播，设置为1080p、30帧/秒完全够用了。

最后点击"导出"按钮，将短视频导出即可。

第 **13** 课

拍摄实践：生活记录者

本节课的主要任务是记录生活中的趣事。分别是拍摄和爸爸妈妈互动的短视频，拍摄美食短视频，以及拍摄放学时的欢乐情景。

任务1：拍摄和爸爸妈妈互动的短视频

要求：

（1）用手机或相机拍摄和爸爸妈妈互动的短视频；

（2）用三脚架固定机位，将自己拍摄进画面；

（3）尝试利用一些道具进行互动，例如和爸爸妈妈一起拼乐高。

任务2：拍摄美食短视频

要求：

（1）用手机或相机拍摄一段美食短视频；

（2）使用运镜的手段；

（3）表现美食的色香味或地域特色。

任务3：在校园门口拍摄放学的情景

要求：

（1）视频中要有同学和老师出镜；

（2）拍摄一段和好朋友互道再见的镜头；

（3）着重表现学生下课的高兴表情。

第 **14** 课

拍摄实践：
拍摄城市之美

　　本节课的主要任务是寻找城市之美。在课余时间拍摄一些值得记录的短视频素材，将行走城市时遇到的美好瞬间记录下来，留下美好的回忆。

任务1：拍摄街头行走的路人或偶遇的小猫/小狗

要求：

（1）画面横平竖直，拍摄时忌严重抖动；

（2）画面中不能有过多的杂乱元素，尽量做到画面干净简洁；

（3）要有一个明显的主体对象，例如擦肩而过的路人或者偶遇的小动物。

 ## 任务2：拍摄一段参观建筑物的短视频

要求：

（1）画面横平竖直，不能忽快忽慢；

（2）画面中不能有大面积的曝光过度，例如几乎变为纯白的天空等区域；

（3）拍摄对象必须为建筑物。

第 15 课

拍摄实践：
旅行家

　　本节课的主要任务是拍摄旅行中的所见所感，表现旅途的快乐或疲惫，展现美丽的自然风光或地方特色美食，做一名小小旅行家。

任务1：拍摄一段去公园游玩/去旅行的短视频

要求：

（1）在开始拍摄之前准备一个短视频脚本；

（2）适当运用延时摄影拍摄素材，如流动的云、日出日落等；

（3）画面中要求有固定机位拍摄的镜头和运镜拍摄的镜头。

任务2：拍摄一段介绍家乡特色美食的短视频

要求：

（1）打开相机参考线功能，使用三分线构图；

（2）用特写镜头表现出美食的特色（如色、香、味等方面）；

（3）短视频画面不能忽快忽慢或者出现抖动；

（4）拍摄时可以录制一段介绍特色美食的旁白。

第**16**课

拍摄实践：
我们的快乐时光

本节课的主要任务是结合慢动作摄影技术拍摄一段短视频，记录和小伙伴在一起的快乐时光。

任务：拍摄一段和好朋友的快乐时光（如一起运动、一起学习、一起活动等）

要求：

（1）适当运用慢动作摄影，表现动作的特写瞬间（如投篮的瞬间、眨眼的瞬间）；

（2）镜头中要求出现多个人物，但是有明确的主体对象；

（3）使用三脚架进行固定机位的拍摄，或者通过运镜拍摄更加丰富有趣的镜头画面。